AMURNATTERN
ELAPHE SCHRENCKII & ELAPHE ANOMALA

Bruno Treu

Ausgewachsenes Amurnatternweibchen in der Hand des Autors Foto: B. Treu

Inhalt

Bildnachweis:
Titel: *Elaphe schrenckii* Foto: F. Busse
Kleines Bild: *Elaphe anomala* Foto: A. Gumprecht
Seite 1: *Elaphe anomala* Foto: A. Gumprecht

ISBN 978-3-86659-083-0

An der Kleimannbrücke 39/41
48157 Münster
www.ms-verlag.de

Geschäftsführung: Matthias Schmidt
Lektorat: Kriton Kunz & Heiko Werning
Layout: Barbara Schmücker
Druck: Druckhaus Fromm, Osnabrück

Vorwort

AMURnattern zählen zu den häufiger im Terrarium gehaltenen Schlangen, und wenn man einige Haltungsgrundsätze beachtet, sind sie durchaus auch für den Einsteiger in die Natternhaltung zu empfehlen. Ihre imposante Erscheinung, obschon ohne leuchtend bunte Farben, ihr umgängliches Wesen und die leichte Pflege machen sie zu einem interessanten Terrarienbewohner.

Vor der Wiedervereinigung waren Präsenz und Verfügbarkeit der Amurnatter in der damaligen DDR durchaus mit derjenigen der Kornnatter in der Bundesrepublik vergleichbar; bis auf einige Probleme mit Außenparasiten (hauptsächlich Milben) waren die Wildfangtiere aus Russland auch größtenteils gesünder als diejenigen Schlangen, die aus Südasien eingeführt wurden. In nahezu 30-jähriger Praxis als Terrarianer hielt ich diese Schlangenart fast durchgehend und hatte sogar das Glück, mir das erste Zuchtpaar Ende der 1970er-Jahre selbst zu fangen – die Zeiten haben sich gewandelt, was den Natur- und Artenschutz betrifft …

Heutzutage werden die Amurnatter (*Elaphe schrenckii*) und die Chinesische Amurnatter (*Elaphe anomala*) zum Glück so zahlreich in Menschenobhut vermehrt, dass eigentlich auf Importe nicht mehr zurückgegriffen werden müsste. Leider werden beide Arten trotzdem immer noch in mitunter erschreckend hoher Stückzahl eingeführt, da scheinbar damit gutes Geld zu verdienen ist. Wenn ich also früher Tiere aus der Natur entnommen habe, geschah dies aus mangelnder Verfügbarkeit von Nachzuchten, und ich war ungewollt Glied einer Kette, weil niemand diese Schlangen vermehren wollte, da sie als Wildfänge ja so billig zu haben waren. Glücklicherweise begannen dann einige Reptilienliebhaber mit der Nachzucht – auch ich gehörte bald dazu.

Die Chinesische Amurnatter, die noch bis vor wenigen Jahren als bloße Unterart der Amurnatter galt, ist etwas scheuer und lebt versteckter als ihre Schwesterart; doch auch die-

se Kletternatter habe ich über Jahre gehalten und vermehrt. Allerdings muss ich hier aus meiner eigenen Erfahrung ganz klar sagen, dass ich in den Jahren meiner Beschäftigung mit Kletternattern nicht einen Wildfang dieser Art kennen lernte, der gesund gewesen wäre respektive ohne veterinärmedizinische Behandlung das erste Jahr überstanden hätte.

Ich hoffe, dass meine in diesem Band der Reihe „Art für Art“ geschilderten Erfahrungen den einen oder anderen Terrarianer oder Einsteiger dazu bringen, sich mit diesen schönen und friedlichen Tieren zu befassen und sie artgerecht zu pflegen – dann wäre der Zweck dieses Büchleins erfüllt.

Bruno Treu
Berlin, im Herbst 2008

Elaphe schrenckii
Foto: A. Gumprecht

Etwas Systematik

BEIDE hier vorgestellten Schlangen gehören zur Gattung *Elaphe* (Kletternattern) und haben praktischerweise bei den letzten Reformen der Taxonomie des *Elaphe*-Komplexes im weiteren Sinn ihren wissenschaftlichen Namen behalten. Oftmals werde ich gefragt, warum man denn überhaupt den wissenschaftlichen Namen seiner Pfleglinge kennen sollte („dieses ganze lateinische Kauderwelsch ...") und ob die Verwendung der deutschen Namen nicht vollkommen ausreiche. Wenn ich aber als ernsthafter Schlangenpfleger beispielsweise weiterführende Literatur, Haltungs- oder Vermehrungsberichte suche und dabei vielleicht sogar den deutschsprachigen Raum verlasse, kann ich nur über die Verwendung der international gültigen Bezeichnungen *Elaphe schrenckii* und *Elaphe anomala* sicher sein, dass es sich um die Tiere handelt, die ich meine. Sicher ist es für einen beginnenden Terrarianer nicht zwingend notwendig zu wissen, dass die eine Amurnatternart nach einem deutschen Oberst in russischen Diensten und die andere als abweichende Art [eben „anomal(a)"] benannt wurde und wann dies geschehen ist. Aber spätestens, wenn man sich mit anderen Arten beschäftigt und ausschließlich über die deutschen Namen verfügt, wird es eng – ich kann beispielsweise nicht einmal schätzen, wie viele „Streifennattern" es im Deutschen gibt, bei denen es sich jeweils um verschiedene Arten mit unterschiedlicher Herkunft und somit auch speziellen Bedürfnissen handelt.

Wer sich für die momentane Stellung der Amurnattern innerhalb der Reptilien/Schlangen interessiert, dem sei die REPTILIA 8(5) aus dem Jahr 2003 empfohlen, in der sich WERNING diesem Thema widmet.

Während der Niederschrift dieses Manuskripts zeigte mir ein befreundeter Terrarianer einen im vorigen Jahr geschlüpften Bastard zwischen Äskulapnatter (*Zamenis longissimus*, Vater) und *Elaphe schrenckii* (Mutter); da beide Arten früher als Kletternattern in der Gattung *Elaphe* geführt wurden, scheint die Systematik doch wiederum überarbeitungswürdig zu sein. Es wird sich herausstellen, ob besagter Mischling fortpflanzungsfähig ist. Aus einer mündlichen Mitteilung erfuhr ich außerdem von Bastarden zwischen Amurnatter und Erdnatter (*Pantherophis obsoletus*), diese seien aber nicht lebensfähig gewesen. Jedenfalls zeigen solche „Zufallsprodukte" deutlich, was bei Vergesellschaftung verschiedener Arten herauskommen kann und wieso ich sie, wie weiter unten deutlich gemacht, entschieden ablehne.

Elaphe anomala Foto: A. Gumprecht

Das Internet – Fluch oder Segen?

VORWEG: Ich tendiere bei sorgfältigem Abwägen aller Vor- und Nachteile zur ersten Antwort auf die in der Überschrift zu diesem Kapitel gestellte Frage. Nicht nur, dass bei den meisten Beiträgen im Netz jegliche Professionalität und Seriosität auf der Strecke bleiben, auch die Haltungsratschläge und Antworten auf Anfängerfragen reichen von purem Mumpitz bis zu für die Tiere lebensgefährlichen Aussagen. Es gibt natürlich auch richtig gute Internetseiten, die von verantwortungsbewussten Terrarianern betrieben werden und durch brillante Bilder bestechen; ob diese aber von Leuten besucht werden, die ein deutliches Profilierungsproblem zu

Beschreibung, Herkunft und Lebensweise

ELAPHE schrenckii und *E. anomala* sind große und kräftige Nattern, die eine Gesamtlänge von bis zu 180 cm erreichen, wobei die zurzeit gehaltenen Exemplare von *E. anomala* nach meinen Erfahrungen kleiner sind als die Tiere, die vor ca. 20 Jahren eingeführt wurden. Individuen von über 2 m Länge, wie sie in der älteren Literatur aufgeführt werden, sind mir weder aus Menschenobhut noch aus der Natur bekannt geworden; denkbar wäre es aber durchaus, dass solche Riesen vorkommen. Große Exemplare können schwerer als 2 kg werden, allerdings neigt zumindest *E. schrenckii* zum Verfetten und sollte deshalb nicht gemästet werden.

Ich konnte bei beiden Arten weder einen auffälligen Sexualdimorphismus (unterschiedlicher Körperbau der Geschlechter) noch Sexualdichromatismus (farbliche Unterschiede der Geschlechter) feststellen; allerdings scheinen bei *E. schrenckii* die Männchen ein wenig größer zu werden, obwohl sie unregelmäßiger Nahrung zu sich nehmen.

Die Grundfarbe reicht von einem matten Weiß über ein gelbliches Grau bis zu Gelbbraun und Gelb.

haben scheinen, einen „Bock" für ihr „Weib" suchen und nicht einmal wissen, dass der Grenzfluss Amur zwischen China und Russland Namenspate für die hier vorgestellten Schlangen stand, sondern weiterhin von „Amornattern" schwadronieren, sei hiermit angezweifelt. Über die persönliche Schützenhilfe eines erfahrenen Terrarianers oder auch eines versierten Händlers, einhergehend mit dem Studium von Fachliteratur, reicht eben nichts hinaus. Ich für meinen Teil tue mir gewisse Seiten nicht einmal mehr aus Kuriositätsgründen an, weil mir meine Zeit dafür zu schade ist. Weiterführende Fachliteratur wird übrigens am Ende dieses Buches aufgelistet.

Die Zeichnung besteht entweder aus breiten schwarzen (*E. schrenckii*) oder aus schwarz umrandeten bräunlichen Bändern (*E. anomala*). Bei der Chinesischen Amurnatter verblassen diese Bänder mit zunehmendem Alter nach und nach, bei der Amurnatter breiten sie sich aus. Adulte *E. schrenckii* wirken somit schwarz bis dunkel braungrau, *E. anomala* hingegen graugelblich bis gelblich braunoliv.

Bei *E. schrenckii* ist die Bauchseite grau oder gelblich mit dunkler Fleckung, bei *E. anomala* cremefarben, grau gefleckt oder auch völlig ohne Zeichnung.

DER PRAXISTIPP

Da es schwierig ist, eine größere Schlange genau zu vermessen – und dies auch bei ausgesprochen friedlichen Tieren wie den Amurnattern –, kann die Länge eines Tieres ziemlich exakt bestimmt werden, indem man die Exuvie (die abgestreifte Haut, das sog. Natternhemd) misst und 10 % vom Resultat abzieht, denn da die Haut im feuchten Zustand abgestreift wird, dehnt sie sich dabei um etwa diesen Prozentsatz. Ein Natternhemd von 130 cm Länge lässt also auf ein Tier schließen, das rund 117 cm misst.

Lebensraum in China (an der chinesischen Mauer) Foto: A. Gumprecht

Die Amurnattern kommen in den Gebieten um die Flüsse Amur, Ussuri und Argun über die chinesische Mandschurei bis in den äußersten Osten der Mongolei, in Korea und Nord- sowie Süd-China vor. Wo genau der Lebensraum von *E. schrenckii* endet und der von *E. anomala* beginnt, ist noch nicht ausreichend erforscht; *E. anomala* soll von Korea über Nord-China bis Anhui und Hunan in China vorkommen. Definitiv fest steht, dass beide Arten beispielsweise in der chinesischen Provinz Liaoning nachgewiesen wurden. Ich machte meine Freilandbeobachtungen an *E. schrenckii* größtenteils in der Gegend von Chabarovsk – wobei „in der Gegend" unter russischen Verhältnissen gesehen werden muss, d. h., eine Fahrt mit dem Pkw über fünf Stunden wird als durchaus normale Nachmittagstour betrachtet. Dies resultiert aus der unvorstellbaren Weite des Landes. Eine Spezialisierung auf eine bestimmte Biotopart scheint mir nicht vorzuliegen, ich fand Tiere sowohl am Taigarand als auch in Gärten oder zusammen mit der Dionenatter (*Elaphe dione*) auf Müllkippen. Wegen der hohen Nagerpräsenz in der Nähe menschlicher Siedlungen ist die Art offenbar eine Kulturfolgerin, ebenso wie die Chinesische Amurnatter. Keines der von mir gesichteten Exemplare hielt sich übrigens höher als ungefähr 1 m über dem Erdboden auf, ganz im Gegenteil fand ich die meisten Amurnattern auf dem Boden. Dies zeigt, dass sie nicht eine wirkliche „Kletternatter" dem Wortsinn nach ist; zum wirklichen Erklimmen von Bäumen ist *E. schrenckii* meines Erachtens viel zu massig und unbeweglich. Auch in Menschenobhut kommt es immer wieder zu Abstürzen von Kletterästen. Eine große Freundin des Wassers ist sie ebenfalls nicht – ich habe keine andere Kletternatternart gepflegt, die so wenig (bis überhaupt nicht) badet. *Elaphe schrenckii* ist im Lebensraum nicht aggressiv (für *E. anomala* fehlen mir die Erfahrungen) und entleert, in die Hand genommen, eher die Analdrüsen, anstatt zu beißen. Auch in menschlicher Obhut sind die Tiere eher umgänglich und nicht so ungestüm wie andere Nattern.

Sowohl aufgrund der Erkenntnisse aus der Natur als auch aufgrund meiner langjährigen Terrarienbeobachtungen kann ich sagen, dass es sich zumindest bei der Amurnatter um eine tagaktive Schlange handelt. Als Nahrungsquelle dienen verschiedene Wirbeltiere wie Mäuse, Ratten, Bilche und andere Kleinnager ebenso wie Vögel. Es wurden auch Fledermäuse und Echsen als Futter nachgewiesen, dies ist aber terraristisch kaum relevant. Auf die ungeschickte Art, Beutetiere zu töten, und die ausgesprochene Vorliebe zumindest von *E. schrenckii* für Futtertiere im Babystadium komme ich weiter unten noch zu sprechen.

Die Erdnatter (*Pantherophis obsoletus*) ähnelt der Amurnatter. Foto: B. Treu

Erwerb

DER Erwerb so häufig vermehrter Schlangen sollte sich als nicht schwierig erweisen. Ich gebe den guten Rat, definitiv auf Tiere mit unklarer Herkunft (Wildfänge!) zu verzichten. Nachzuchten sind gesünder, meist frei von Parasiten und das Leben im Terrarium gewohnt.

Um einen Züchter zu finden, mag das Internet zur Kontaktanbahnung seine Berechtigung haben. Wer aber dort, um ein paar Euro zu sparen, Tiere bestellt, hat selbst Schuld! Holen Sie also Ihre Tiere immer selbst ab; dann können Sie sich auch von den Haltungsbedingungen beim Züchter überzeugen und erhalten vielleicht noch den einen oder anderen Tipp.

Ob Händler oder Züchter, Seriosität sollte im Vordergrund stehen. Ich rate zum Erwerb junger Exemplare, die aber bereits selbstständig Nahrung aufnehmen. Die Tiere sollten lebhaft und interessiert wirken, im Idealfall sollte man sie einmal fressen sehen. Selbst wenn so ein „besserer Wurm" versucht zu beißen, ist dies immer noch ein besseres Zeichen als Apathie oder Schlaffheit. Prüfen Sie auch folgende Punkte: Liegt viel Kot im Behälter, ist das Terrarium verschmutzt, finden sich Häutungsreste? Dann Finger weg von den Tieren! Wenn man der jungen Natter vorsichtig mit dem Daumennagel über das Rückgrat fährt, sollten keine deutlichen Erhebungen spürbar sein, desgleichen sind faltige Haut oder eine sich deutlich abzeichnende Wirbelsäule keine gute Empfehlung für den Kauf. Schiebt sich die Schlange eng durch die Finger, und bleiben

DER PRAXISTIPP

Im besten Fall kann man einen Züchter oder vertrauenswürdigen Händler durch Mund-zu-Mund-Propaganda ausfindig machen - wenn Bekannte zufrieden mit ihren Amurnattern aus einer bestimmten Quelle sind, lässt sich das für den eigenen Erwerb nutzen. Anzeigen finden Sie auch z. B. unter www. reptilia.de.

Zu Abstand rate ich bei zu aggressiver Verkaufstechnik: Wenn ein Privatmann oder ein Händler seine Tiere unbedingt verkaufen will, besteht die reale Möglichkeit, dass etwas nicht in Ordnung ist.

dabei kleine, lebende dunkle oder helle „Pünktchen“ zurück, besteht Erklärungsbedarf: Dann ist das Tier nämlich von Milben befallen. Der Verkäufer sollte wissen, wovon er redet, und dies auch vermitteln können. Wann hat sich das Tier zuletzt gehäutet? Wann gefressen? Wenn der Anbieter auf all Ihre Fragen vernünftige Antworten hat, ist dies ein Indiz dafür, dass er Sachkenntnis besitzt und vertrauenswürdig ist.

WUSSTEN SIE SCHON?

Elaphe schrenckii ist genauso wie *E. anomala* weder international noch nach deutschem Gesetz als bedrohte Art eingestuft, beide sind noch heute problemlos auf jedem Haustierbasar in Russland zu kaufen. Erwerb und Haltung dieser Tiere unterliegen keinen gesetzlichen Restriktionen. Dass man seine Schlangen möglichst artgerecht hält, versteht sich von selbst – vorher viele Informationen zu sammeln, ist die halbe erfolgreiche Pflege!

Schlangenverkaufsanlage bei einem Terraristik-Fachhändler Foto: B. Treu

Transport und Quarantäne

ZUM Transport eignen sich allerlei Behälter mit Belüftung, sog. Faunaboxen, Vorratsdosen mit Löchern oder auch Leinensäckchen. Ich bevorzuge letztere Variante, weil sich das Tier im atmungsaktiven Stoffsack nicht verletzen kann und keinen optischen Irritationen ausgesetzt ist. Halten wir uns vor Augen: Das Tier war die ersten Wochen und Monate seines Lebens in einem relativ kleinen Behälter untergebracht, wo es Deckung finden konnte und alles vertraut war. In einem (Klarsicht-)Plastikbehälter würde die Schlange beim Transport allen Eindrücken des urbanen Lebens – bis hin zu vorbeifliegenden Vögeln, also potenziellen Fressfeinden – ausgesetzt; Stressfaktoren ohne Zahl. Ein Stoffbeutel aus dem Supermarkt, ohne Löcher und lockere Nähte, oder ein kleinerer Kissenbezug, gut verschlossen und auf links gedreht, damit sich die Tiere nicht an vorstehenden Garnenden verletzen können, genügt unseren Zwecken viel besser. Für sehr kleine Tiere kann man sich die Säckchen auch selbst nähen, dann sollten sie tiefer als breit sein. Sie werden, nachdem die Schlange hineingesetzt wurde, fest verknotet oder anders verschlossen, natürlich ohne dabei aber das Tier zu strangulieren. Um Temperaturschocks zu vermeiden, kommt besagter Beutel gut gepolstert in eine Styroporkiste, ggf. mit einem Heatpack oder einer Wärmeflasche. Vorsicht bei der Temperierung des Wassers, Verbrühungen sind genauso gefährlich wie Kälte! Ich bin in jungen Jahren einmal mit der Transsibirischen Eisenbahn bei Heizungsaus-

Diese sogenannten Faunaboxen eignen sich nicht nur zum Transport, sondern auch zur Aufzucht von Jungschlangen. Foto: B. Treu

fall gereist und habe die Amurnattern durch meine Körperwärme am Leben erhalten; bei niedrigen Temperaturen kann man den Beutel also auch unter der Bekleidung transportieren. Hohe Temperaturen sind ebenso riskant, die Transportkiste daher nicht in die Sonne stellen! Bei weiteren Reisen leistet bei Hitze etwas angefeuchtetes Terrarienmoos durch die Verdunstungskälte gute Dienste.

Ob man beim Erwerb einer oder zweier Jungschlangen als Anfänger eine Quarantäne einhalten muss, wenn keine anderen Schlangen im Haushalt leben, halte ich für fraglich. Wenn aber bereits andere Reptilien zu Hause untergebracht sind, ist sie nicht zu umgehen. Sollten zwei oder mehr Jungschlangen einziehen, ist eine Einzelhaltung von Vorteil, da man die durch den Transport gestressten Babys dann zur Fütterung im eigenen Behälter belassen und ihre Lebensäußerungen besser überwachen kann. Der Behälter sollte einfach, aber zweckmäßig und vor allem hygienisch eingerichtet sein. Als Bodengrund eignen sich Zeitungs- oder Küchenpapier. So ist auch eine Kotprobe besser zu entnehmen, die einem reptilienerfahrenen Tierarzt (eine Liste solcher Spezialisten erhalten Sie über die DGHT, siehe „Weitere Informationen") oder einem entsprechenden Institut (siehe „Weitere Informationen") zur Untersuchung übergeben werden sollte. Ist der erste Befund negativ, sollte man nach zwei Wochen eine erneute Probe einreichen, um sicher zu gehen, dass wirklich keine Innenparasiten oder andere Krankheitserreger vorhanden sind. Ist der Befund dagegen positiv, behandelt man das Tier nach Weisung des Veterinärs.

Ein Versteck, möglichst eng, damit die Natter sich sicher vor eventuellen Beutegreifern fühlt, vielleicht ein Blumentopf und eine Trinkwasserschale reichen als weitere Einrichtung völlig aus. So können auch eventuelle Außenparasiten besser festgestellt werden. Temperatur, Luftfeuchte etc. müssen den Bedingungen entsprechen, die unten für die artgerechte Haltung vorgestellt werden.

Ist nach 4–6 Wochen klar, dass dem neuen Terrarienbewohner nichts fehlt, können wir ihn in sein endgültiges, bereits vorbereitetes Zuhause umsetzen.

Das Terrarium

Es ist eine Binsenweisheit, dass jedes Terrarium seinem Bewohner und dessen Ansprüchen genügen soll. Daher ist es auch nicht ratsam, eine Jungschlange in einen großen Behälter für ein oder zwei ausgewachsene Tiere zu setzen! Im Gutachten über die „Mindestanforderungen an die Haltung von Reptilien", 1997 vom Ministerium für Ernährung, Landwirtschaft und Forsten in Auftrag gegeben, heißt es zwar, dass ein artgerechtes Terrarium mindestens die Größe 1,0 x 0,5 x 1,0 (Länge x Tiefe x Höhe), multipliziert mit der Körperlänge der gehaltenen Natter, aufweisen soll und das Volumen für jedes weitere gehaltene Tier um 20 % zu erhöhen sei, es steht aber auch darin, dass Behälter, die zur Aufzucht oder zur Winterruhe dienen, diese Maße deutlich unterschreiten können. Nach meiner Meinung und langjährigen Erfahrung sind folgende Terrarienmaße ideal: 50 x 30 x 30 cm für Schlüpflinge, 80 x 50 x 50 cm für halbwüchsige Tiere und 120 x 60 x 100 cm für erwachsene Tiere.

Ein selbstgefertigtes OSB-Terrarium für Amurnattern mit integriertem Lichtkasten
Foto: B. Treu

Weiterhin hält sich unbeirrt das Vorurteil, dass Terrarien unbedingt aus Glas sein müssten. Ich persönlich ziehe Spanplatten (OSB = Oriented Strand Board) Glas, Kunststoff oder Metall vor. Die Vorteile dieses Materials sind in meinen Augen das geringe Eigengewicht, die leichte Verarbeitung und nicht zuletzt der niedrige Preis. Außerdem ist die Wärmedämmung auf jeden Fall energetisch deutlich günstiger als z. B. bei Glas. Ist die Platte aus dem Zuschnitt richtig verarbeitet, kann sie genauso desinfiziert werden wie andere, glattere Stoffe. Außerdem kann man, wenn man das Terrarium selbst baut, ganz die eigenen Vorstellungen umsetzen. An handelsüblichen Terrarien stören mich sowohl die meist zu geringe Höhe des Frontsteges als auch die sog. Schachtlüftungen. Durch sie verbringen die sehr agilen Tiere permanent Teile des Substrates nach außen (oder setzen Kot auf dem Lochblechstreifen ab, der dann auf dem Teppich vor dem Terrarium verläuft ...); die geringe Höhe des Frontstegs verhindert, dass die Tiere dahinter Deckung suchen können, und ständig knirschen die Schiebescheiben, da Bodengrund in die unteren Laufschienen gelangt. Bei einem Terrarium von 120 cm Höhe darf der untere Frontsteg ruhig eine Höhe von 30–40 cm aufweisen, dies dient auch einer größeren Stabilität des Behälters. Wichtig ist eine seitliche Sicherung der Schiebescheiben durch eine Laufschiene oder eine Anschlagleiste; da die Fertigterrarien diese meist nicht aufweisen, können die Schlangen die Scheiben bei ihnen doch irgendwann einmal aufschieben.

DER PRAXISTIPP

Bei der Haltung vieler Terrarientiere kann ein sog. Terrarienturm die Stromkosten zu minimieren helfen, da die Beleuchtung der unteren Becken Wärme nach oben abgibt.

Ein gewöhnungsbedürftiges, aber erfolgreiches Amurnatternterrarium, das aus einem Schrank gebastelt wurde Foto: B. Treu

Ein fertiges Glasterrarium für die Aufzucht in „gehobener" Bauweise Foto: B. Treu

Hierzu kann ich eine Begebenheit aus meinen Jugendtagen anführen. Vor über 20 Jahren erhielt ich ein Pärchen Amurnattern aus der damaligen Sowjetunion. Wie immer war freie Terrarienkapazität Mangelware, und aus diesem Grunde wurden die fast ausgewachsenen Tiere (gut 100 cm lang) in einem Riesenschlangenterrarium „zwischengelagert". Dort befanden sich zwar diverse Boas und Pythons verschiedener Größen (bitte nicht nachmachen – heute würde ich das natürlich so nicht mehr handhaben ...), aber für einige Tage mochte es schon angehen, dachte ich. Das Terrarium war, den Bewohnern angemessen, riesengroß und begehbar, die Schiebescheiben waren allerdings nur 120 cm lang und ungefähr 80 cm hoch, aus 4 mm starkem Glas gefertigt. Die Amurnattern schafften es, die zugegebenermaßen sehr leichtgängigen Scheiben nach wenigen Stunden zumindest so weit aufzuschieben, dass sie beide ausbrechen konnten. Der entstandene Spalt war vielleicht 15 mm groß, und die beiden russischen Schönheiten waren verschwunden! Aus den Abdrücken an den Scheiben konnte geschlossen werden, dass zumindest eines der Tiere frisch aus dem Wasserbecken gekommen war und somit seine feuchten Bauchschuppen in der Art eines Saugnapfes verwendet hatte. Das Männchen wurde nach wenigen Stunden in einem Regal hinter der Fachliteratur (!) entdeckt, das Weibchen blieb verschwunden, bis es vom Kater meiner Mutter Tage später in klassischer Vorstehhundmanier unter einer Wohnzimmervitrine „angezeigt" wurde. Da man ja aus Fehlern lernt, wurde das Sicherheitsleck durch das Einschieben einer halbierten Wäscheklammer zwischen den Schiebescheiben behoben, während ich das neue Amurnatternbecken zusammenzimmerte. Diesmal dauerte es drei Tage, und beide Tiere waren wieder entkommen, was weder vor- noch nachher jemals einer der Boas oder den Pythons gelang. Eine erneute Suche in der gesamten Wohnung brachte kein positives Ergebnis, und zu allem Überfluss hatten die Fensterscheiben sperrangelweit offen gestanden. Nach Tagen klingelten einige Kinder aus der Nachbarschaft bei mir und erzählten aufgeregt, auf

***Elaphe bimaculata*, die Chinesische Leopardnatter, wird im Terrarium wie eine „Miniatur-Ausgabe" von *E. schrenckii* behandelt.**
Foto: B. Treu

der Straße sei eine Kreuzotter; eigentlich unwahrscheinlich für die Berliner Innenstadt ... Jedenfalls befand sich eines meiner Exemplare gut 200 m von meinem Haus an der Kupplung eines Lkw-Anhängers und war nur nach genauer Ansicht von den Hydraulikschläuchen zu unterscheiden. Wiederum Wochen später hörte ich im Keller beim Versorgen der Futternager ein schabendes Geräusch hinter einer Schornsteinkontrollklappe aus Blech. Nach beherztem Zugriff hielt ich die zweite Natter, verrußt und eingestaubt, in der Hand. Der Schornstein konnte nur über den in der Wohnung befindlichen Ofen erreicht werden, der zum Glück im Sommer nicht beheizt wurde. Nach langem Suchen wurde die Ausbruchstelle als Bohrung für diverse Kabel identifiziert.

Ich habe diese Geschichte nur eingeflochten, um deutlich zu machen, dass bei aller Plumpheit beim Klettern auch Amurnattern wahre Fluchtkünstler sein können.

Für die unteren Lüftungsöffnungen verwende ich eine Lochkreissäge; wählt man den Durchmesser von 6 cm, kann in die entstandenen Löcher jeweils ein handelsübliches Flusensieb aus Metall eingeklebt werden. Diese sind nicht nur sehr stabil, sondern die Belüftungsgitter sehen dann auch noch ansprechend und sauber aus. Für die

Natternterrarium mit Abtrennung im Rohbau. Man beachte die Imprägnierung im Bodenbereich. Foto: B. Treu

obere Belüftungsfläche (über die gesamte Länge und von ungefähr einem Drittel der Plattentiefe, also bei 60 cm Tiefe ca. 20 cm) wähle ich stabile Metallgaze. Dieses Material hat den Vorteil, dass Licht (und Wärme) besser durchkommen als bei Lochblech. Keinesfalls sollte Kunststoffmaterial, etwa sog. Fliegengitter, zum Einsatz kommen, da sowohl die Wärme der Elektrik als auch die Terrarienbewohner und eventuelle lebende Futternager für eine schnelle Zerstörung sorgen würden. Der untere Bereich des Terrariums wird vor der Versiegelung der Fugen mit Silikon drei- bis viermal satt mit Duschdichtanstrich (wasserlöslich; ungiftig nach Aushärtung) gestrichen. Für die Öffnung und somit die Sichtfläche nutze ich Schiebescheiben, weil diese leichter zu sichern sind als beispielsweise Klapptüren, man kann kleinere Bereiche öffnen und die Montage ist im Vergleich zu allen anderen Varianten am einfachsten. Ein Schloss soll uns nicht vor den harmlosen Nattern schützen, sondern sorgt dafür, dass die Scheiben im verschlossenen Zustand auch geschlossen bleiben. Es ist auch nützlich bei Kindern im Haushalt (manchmal bringen die eigenen Sprösslinge ja Besuch mit, der nicht so wohl erzogen wie sie selber ist ...). Von einer Öffnung des Terrariums über den Deckel möchte ich abraten, da hier jedes Mal die Beleuchtung im Weg ist und den Schlangen der Zugriff instinktiv missfällt – die meisten Beutegreifer kommen nun mal von oben.

Blick auf einen Teil der Terrarienanlage des Verfassers Foto: B. Treu

Terrarientechnik

DIE Technik für ein Amurnatternterrarium gestaltet sich relativ simpel, da wir bloß einen Tag-Nacht-Rhythmus (Beleuchtung) und einen sog. Hotspot (Heizung) benötigen. Ob wir diesen „warmen Punkt“ mittels Bodenheizung (Kabel oder Matten) oder über einen Strahler von oben schaffen, ist nach meinen Haltungserfahrungen zweitrangig; ich habe Amurnattern unter beiden Bedingungen gepflegt und vermehrt. Die Chinesische Amurnatter, die sich bei mir immer als etwas scheuer und versteckter lebend als ihr nördliches Pendant erwiesen hat, schätzt Wärme im Versteck mehr als *E. schrenckii*.

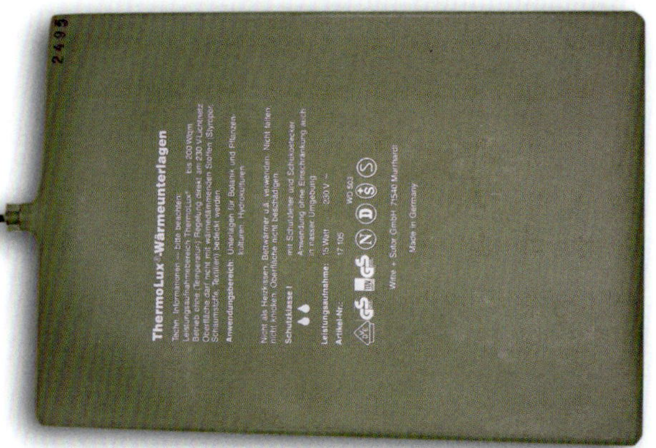

Heizmatte Foto: K. Kunz

Es kann nicht eindrücklich genug darauf hingewiesen werden: Jegliche elektrische Installation am Terrarium muss gesichert werden! Schlangen haben andere Hautwärmerezeptoren als beispielsweise Säugetiere und können sich an ungesicherten Heizlampen bis zum Tode verbrennen. Ob man den Strahler außerhalb des Behälters über Drahtgaze montiert (s. o.) oder ihn im Becken mittels Drahtkäfig vor direkter Berührung abschirmt, die Schlangen müssen unbedingt vor Kontakt mit ihm geschützt

DER PRAXISTIPP

Terrarienthermometer sollten dort hingelegt werden, wo sich die Terrarienbewohner auch tatsächlich aufhalten können, ein mittig angeklebtes Thermometer sagt nichts über die benutzten Liegeflächen aus, sondern gibt nur einen Durchschnittswert wieder. Also am besten das Thermometer nach der Messung wieder entfernen, dies erhöht auch seine Lebensdauer. Unbedingt zu verschiedenen Jahreszeiten und an verschiedensten Stellen messen; was im April recht ist, muss im Juli nicht billig sein!

Verschiedene Leuchtstoffröhren für die Lichtfülle und ein Halogenspot für die punktuelle Wärme Foto: B. Treu

werden. Diejenigen Terrarianer, die immer noch frei im Terrarium zugängliche Lampen verwenden („Die Schlangen kommen doch da gar nicht ran!"), haben aus meiner Sicht bislang einfach Glück gehabt. Auch Bodenheizungen im Terrarium (und beim Werkstoff OSB 15 mm ergeben sie darunter keinen Sinn) sollten fest verklebt und z. B. mit einer großen Fliese oder unter einer dünnen Schicht Flexfliesenkleber sicher angebracht und für die Schlange unzugänglich sein.

Für ein Terrarium mit den Maßen 120 x 60 x 100 cm (Länge x Breite x Höhe) reicht eine Bodenheizung zwischen 15 (Matte) und 35 Watt (Kabel) vollkommen aus. So werden punktuell Temperaturen bis 30 °C und darüber erreicht, außerhalb der Sommermonate

Diese halbwüchsige Amurnatter nimmt mit aufgerichtetem Vorderkörper Witterung auf. Foto: B. Treu

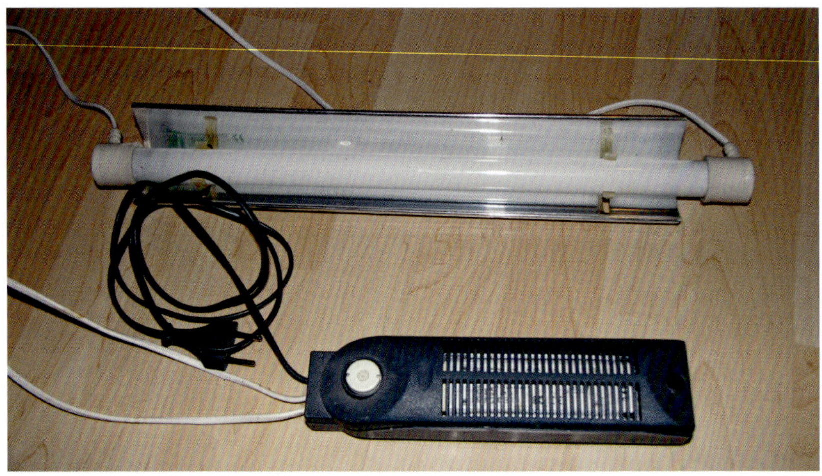

Diese Aquarienleuchtstofflampe ist für eine höhere Lichtausbeute mit einem Reflektor versehen. Foto: B. Treu

liegen die Tiere nur noch beim Verdauen länger dort. Wenn eine der im Fachhandel erhältlichen Billigheizmatten (sie sehen durchsichtig aus, wie eine Art Folienhülle mit aufgedampften Heizstreifen) schon beim Testlauf auf dem Tisch „Rauchzeichen“ gibt, ist eine Verwendung unbedingt zu unterlassen! Greifen Sie lieber zu einem ordentlichen Modell mit Prüfsiegel.

DER PRAXISTIPP

Bei Strahlungswärme gilt die Faustregel: Pro Zentimeter Abstand zum Tier zwei Watt Strahlerstärke, bei ca. 20 cm Distanz von der Lampe zum Tier reicht also ein Strahler von 40 Watt. Für die Beleuchtung empfehle ich, auch um Strom zu sparen, Energiesparlampen, diese verbrauchen noch weniger Energie als Leuchtstoffröhren, sind mittlerweile recht ausdauernd und geben ein schönes Licht ab.

Thermometer und Hygrometer mit Fernfühler Foto: K. Kunz

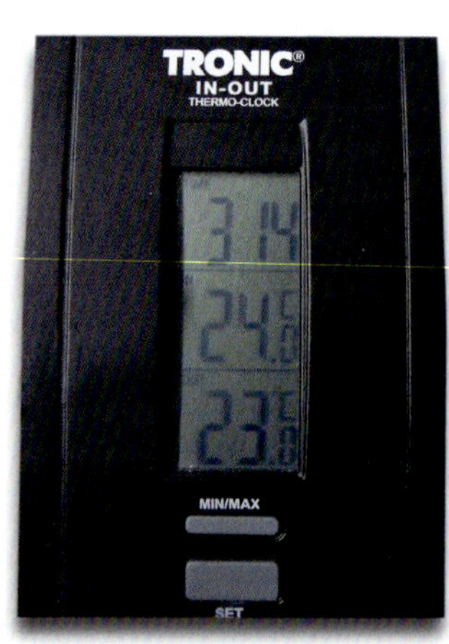

Im Sommer kann es passieren, dass man alle Heizungsquellen abschalten muss, denn permanent Temperaturen über 35 °C behagen diesen Schlangen nicht. Alle Reptilien sind Wechselwarme (und nicht „Kaltblüter“, wie sie fälschlich manchmal genannt werden); es ist daher äußerst wichtig, neben warmen auch kühlere Flächen im Terrarium anzubieten.

Die Nachtabsenkung nach Abschalten der Heizquellen darf sehr hoch sein. In meinem Terrarienraum steht fast immer ein Fenster offen, und bei 12–14 °C nachts fressen die Tiere tagsüber nach dem Aufwärmen ordentlich.

Druckluftsprühgerät zum Erhöhen der Luftfeuchtigkeit im Terrarium Foto: B. Treu

Sprühflasche Foto: K. Kunz

Neugierig bezüngelt diese *Elaphe schrenckii* ihre Umgebung.
Foto: B. Treu

Einrichtung

ALLES, was im Amurnatterbecken verwendet wird, muss fest installiert und abwaschbar sein. Dies resultiert aus der Größe und Agilität der Tiere und ihrer starken, schnellen Verdauung. *Elaphe schrenckii* ist eine sehr lebhafte, aber nicht hektische Natter. Während alle anderen Schlangen in einem Versteck verschwunden sind oder tagelang auf derselben Stelle ausharren, streifen Amurnattern durch ihr Terrarium, klettern hinauf und wieder herunter, untersuchen den Bodengrund, um bald darauf wieder in die Höhe zu steigen. Bewegungen außerhalb des Terrariums werden genau verfolgt, die Tiere versuchen, an Personen vor dem Glas empor zu klimmen, und jegliche Veränderung in der gewohnten Blickrichtung wird genau registriert. Die Kletteräste müssen stabil, relativ dick und fest verankert, z. B. verschraubt, sein. Ich bevorzuge Robinie oder altes Obstbaumholz mit Rinde. Wie weiter oben schon erwähnt, tun sich (beide) Amurnattern mit dem Klettern nicht wirklich leicht, weshalb die Äste viele Gabeln und Unebenheiten aufweisen sollten. Wer einmal erlebt hat, wie eine erwachsene *E. schrenckii* im Terrarium „abstürzt“, und dies, obwohl sich an der Anordnung der Klettermöglichkeiten seit langer Zeit nichts geändert hat, weiß, wie unschön laut das klingen kann; vor allem, wenn es mehrfach nacheinander geschieht – ein Beleg für die geringe Lernfähigkeit mancher Schlangen ...

Der oftmals z. B. im Internet erteilte Rat, die Äste zugunsten ihrer leichteren Desinfektion

Unterschlupf im Stein-Design Foto: B. Treu

DER PRAXISTIPP

Freundlich für den Geldbeutel sind sog. Nagernäpfe aus Keramik als Trink- und Badebecken für die Schlangen. Sie sind auch leicht zu reinigen und ausreichend schwer, sodass die Schlangen sie nicht permanent umkippen können.

zu entrinden, hindert die Tiere am Klettern. Außerdem müsste dann konsequenterweise auch auf eine gestaltete Rückwand und Bodengrund verzichtet werden.

Aufgrund des unglaublichen Metabolismus dieser Tiere sollte der Bodengrund saugfähig sein. Ich verwende Terrarienrinde (mittel) oder Kokossubstrat zum Aufweichen. Wenn jemand Walderde, Laub oder Moos benutzen will, soll er das gerne tun. Noch hygienischer haben wir es mit Hanfpellets oder sog. Schäben, mir sind auch viele Terrarianer bekannt, die handelsübliche Kleintierstreu verwenden, also Weichholzspäne. Basierend auf schlimmen Erfahrungen kann ich dagegen vor Katzenstreu auf Tonbasis (Biokats) und Buchenholzspänen nur warnen! So gierige Fresser wie die Amurnattern nehmen oft Substrat bei der Fütterung mit auf, und das sollte daher nicht scharfkantig sein oder im Magen Klumpen bilden.

Als Versteck finden die üblichen halbierten Korkröhren oder Höhlen aus keramischem Mate-

Eckwassernapf aus Kunststoff, spülmaschinenfest Foto: B. Treu

Rindenmulch – nach Erfahrung des Verfassers der optimale Bodengrund für *Elaphe schrenckii* Foto: B. Treu

So sieht ein Humusziegel für den Bodengrund halb aufgeweicht aus. Foto: B. Treu

Kokosmatten mit Pflanzmulden, in denen die Amurnattern gerne erhöht liegen. Foto: B. Treu

rial Anwendung, ein großer Blumentopf mit vergrößertem Loch als Einstieg wird ebenfalls gern aufgesucht. Allerdings nimmt *E. schrenckii* auch hier wieder eine Sonderstellung unter allen von mir gepflegten Schlangen ein – sie versteckt sich selten bis nie, auch in der Häutungsphase liegen meine erwachsenen Tiere meist völlig ungeschützt. Wie oben bereits erwähnt, mag es *E. anomala* da deutlich verborgener.

Der Wassernapf sollte auch zum Baden Platz bieten. Meine Tiere baden allerdings so gut wie nie, selbst bei Jahrhundertsommern nehmen sie die Badeschale kaum jemals an, jedoch gibt es vereinzelt auch sehr badefreudige Exemplare. Es gibt schöne (und schwere!) Felsimitatnäpfe im Fachhandel, die von den Tieren nicht so leicht unterhöhlt oder umgeworfen werden können, aber auch recht stattliche Preise haben. Ob man das Terrarium bepflanzt, liegt bei jedem selbst. Ich hatte jahrelang einen großen *Ficus benjamina* in einem Becken, dem die großen Kotmengen und gelegentliche Umschlingungen scheinbar gut bekamen. In der Zeit

Weil *Elaphe schrenckii* kein Leichtgewicht ist und zudem sehr agil, sollten Klettermöglichkeiten massiv und fest verankert sein, so wie diese Moorkienwurzel. Foto: B. Treu

der Winterruhe wurde der Topf umgepflanzt und erhielt einige Wochen Schonung auf dem Fensterbrett. Tatsache ist, dass *E. schrenckii* und *E. anomala* „Wühler“ sind, die Pflanzen direkt im Bodengrund mit der Zeit vernichten, weshalb das Grün nur im Topf eingebracht werden sollte. Ein Kompromiss sind Kunststoffpflanzen, die es in fast „lebensechten“ Ausführungen im Fachhandel zu kaufen gibt.

Um die nutzbare Fläche für die Tiere zu vergrößern, biete ich Terrassen in verschiedenen Höhen an. Nach meiner Erfahrung sind Rückwände aus mineralischen Materialien beispielsweise solchen aus Kork vorzuziehen, da sie einfacher sauber zu halten sind. Ich baue meine Rückwände aus Styropor/Bauschaum als Basis und nutze mehrere Schichten Flexfliesenkleber als Beschichtung. Die letzten Aufträge werden mit Pigmentfarben getönt. Zu diesem Themengebiet gibt es ein sehr empfehlenswertes Buch von Thomas Wilms (2004). Amurnattern liegen gerne erhöht, speziell wenn die Unterlage relativ plan ist und sich der Strahler darüber befindet.

Die Pflegearbeiten sind nicht wirklich aufwändig zu nennen: Ab und an die Scheiben putzen, und im Frühjahr/Sommer ein- bis zweimal wöchentlich ausgiebig sprühen. Wer keinen Schaden an seinem Geruchsapparat hat, entfernt Kot schon aus eigenem Interesse schnell! Amurnattern ziehen frisches Wasser abgestandenem vor; selbst wenn das Wasser im Napf noch durchaus trinkbar erscheint, wird nach dem Wasserwechsel oft gierig getrunken. Daher ist mindestens jeden zweiten Tag das Wasser zu wechseln und der Napf zu reinigen.

Für Jungschlangen der Klassiker als Versteck: die Kokosnussschale Foto: B. Treu

Trinkschalen und Verstecke aus Ton Foto: K. Kunz

Ernährung

WIE eingangs erwähnt, ist das Nahrungsspektrum beider Amurnatternarten ausgesprochen umfassend, im Terrarium genügt allerdings eine Fütterung ausschließlich mit Nagern und ggf. Vögeln. Abzuraten ist nach meiner Erfahrung von Eintagshähnchen, da an diesen „nichts dran" ist, d. h., im Verdauungsapparat befindet sich noch keine Nahrung (Vitamine), und die Knochen weisen noch kaum verwertbare Mineralstoffe auf: Ich habe zwei Weibchen von *E. schrenckii*, die nichts anderes mehr als Futter akzeptierten, so nach der Eiablage verloren. Außerdem werden Küken von den Amurnattern noch schneller verdaut, der resultierende Kot ist flüssiger als bei Nagerverfütterung und riecht unbeschreiblich übel.

DER PRAXISTIPP

Zum Auftauen der Futternager nutze ich den Lichtkasten eines anderen Terrariums, wobei ich etwas Küchenkrepp unterlege, um eventuell austretende Körperflüssigkeit aufzusaugen. Je nach Futtertiergröße und Raumtemperatur dauert das Auftauen einer halbwüchsigen Ratte 5-7 Stunden. Warum manche Terrarianer ihre Futtertiere in heißem Wasser auftauen (und möglichst auch noch nass verfüttern), entzieht sich meinem Verständnis.

Als Futter zum Einsatz kommen daher am besten alle verfügbaren Nager in adäquaten Größen, also Mäuse, Ratten, Gerbils (eigentlich Wüstenrennmäuse), Hamster usw. Ich bevorzuge die Fütterung mit toten (aufgetauten) Beutetieren aus mehreren Gründen. Zum einen sind es tierschutzrelevante Gedanken, die mich dazu veranlassen, da *E. schrenckii* und (in geringerem Maße) *E. anomala* zu den „technisch" schlechtesten Beutegreifern oder salopp gesagt den miesesten Killern zählen, die ich in der Schlangenwelt kenne. Die Idee, dass alle ungiftigen Schlangen ihre Beute blitzschnell packen und ebenso flink erdrosseln, ist reine Fiktion. Unter den vielen Amurnattern, die ich pflegte, waren zwei (beides Weibchen), die dem Beutetier das Maul schlossen und es dann mit ein oder zwei Schlingen schnell erdrosselten, der Rest versuchte, die Nager irgendwie auf den Boden oder in eine Ecke zu drü-

cken und/oder lebendig zu verschlingen. Das sollte man einer Futtermaus ersparen, zumal es in verschiedenen europäischen Staaten schon Verordnungen gibt, die das Verfüttern lebender Warmblüter verbieten.

Ob Amurnattern auf den Nestraub spezialisiert sind? Selbst wenn, könnte ich mir das als alleinigen Grund für den ungeschickten Umgang mit der Beute nicht vorstellen, zumal die Saison für Säuger und Vögel im Herkunftsgebiet normalerweise keine zwei Monate beträgt. Möglicherweise findet auch eine unterirdische Jagd auf Beutenager statt (analog zu nordamerikanischen Bullennattern, *Pituophis*), bei der das Futtertier einfach in den engen Gängen erdrückt oder eben lebend gefressen wird, wenn es, an die Wand gedrückt, nicht entkommen kann. Jedenfalls ist diese Eigenart allen Haltern von Amurnattern bekannt. Auch im Interesse der Schlange sollte auf Lebendfütterung verzichtet werden, da diese sonst schwerste Verletzungen durch die Maus oder Ratte davontragen kann. Das oft gehörte Argument, die Schlangen würden dann ihren Jagdinstinkt verlieren, ist meiner Meinung nach pure Polemik und trifft nicht zu. Vielleicht sollten sich bestimm-

Wie deutlich zu sehen ist, besteht die heutige Mahlzeit dieser Amurnatter aus mehr als einer jungen Ratte. Foto: B. Treu

Ihren Rachenumfang kann die Amurnatter durch Aushängen des Unterkiefers auf das Achtfache vergrößern. Foto: B. Treu

Gleich ist das Futtertier vollständig verschlungen. Foto: B. Treu

te Terrarianer auf eine andere Form des Nervenkitzels besinnen … Ein logistischer Vorteil des Frostfutters ist seine leichte Beschaffbarkeit und Lagerung. Und wenn die Schlange wegen ihrer Häutung zehn Tage nicht fressen will, wächst die tiefgefrorene Ratte nicht zu Übergröße heran. Mittlerweile haben sich Züchter auf die Gewinnung von Frostfutter spezialisiert, die Tiere werden von befugten Personen getötet und schockgefroren – so bleiben die Vitamine und Mineralstoffe erhalten. Ich gebe nie Nahrungsergänzungsmittel hinzu, auch nicht bei der Aufzucht von Jungschlangen. Wenn die Nager oder – bei Babys – deren Eltern zu Lebzeiten ausgewogen ernährt werden, ist dies auch nicht nötig. Jedenfalls hatte ich in mehreren Jahrzehnten noch nie mit Mangelerkrankungen meiner Schlangen zu tun, außer im oben erwähnten Fall der beiden Weibchen, die allein mit Küken versorgt wurden.

Frostfutter, wie diese Tüte mit Futtermäusen, lässt sich bequem beschaffen und tiefgekühlt lange lagern. Foto: K. Kunz

Grundsätzlich würde ich jedem Einsteiger von der Eigenzucht der Futternager abraten, da das Kosten/Nutzen-Verhältnis bei der Haltung nur weniger Nattern keinesfalls ausgewogen sein kann. Man benötigt dazu adäquate Nagerkäfige (die nicht billig sind), Einstreu und als wichtigen Punkt qualitativ sehr gutes Pelletfutter, da wir mit Wasser und Brot keine hochwertigen Futtermäuse produzieren können. Mindestens einmal wöchentlich müssen die Nagetierbehälter gesäubert werden, und es müssen stets Junge aufgezogen und als Zuchttiere zurückgehalten werden, da die Fruchtbarkeit und Produktivität der Altmäuse schnell nachlässt. Erfahrungsgemäß werden wir manchmal einen Futtertierüberschuss und mitunter zu wenige zum Verfüttern haben. Spätestens, wenn der Aufwand für die Futtertiere den für die Schlangen übertrifft, sollte man überlegen, ob man dieses Verfahren weiter betreiben will.

Noch ein Wort zu den rechtlichen Bestimmungen: Oft ist von frisch abgetöteten Futtertieren die Rede, die verfüttert werden sollen. Dies ist nach § 1 des Tierschutzgesetzes, falls man kein Tierarzt oder sonst befähigter Zeitgenosse ist, schlicht und einfach verboten! Denn niemand darf einem Wirbeltier „Schmerzen, Beeinträchtigungen zufügen oder es töten", der keine diesbezügliche Ausnahmegenehmigung besitzt. Dass das Abtöten dem Futtertier unnötige Leiden erspart, ist in diesem Zusammenhang irrelevant.

Gefüttert wird an die Größe der jeweiligen Schlange angepasst. Jungschlangen gibt man also Mäusebabys, später sog. Springer, schließlich adulte Mäuse und kleinere Ratten. Viele Einsteiger wählen die Futtertiere definitiv zu klein – eine gesunde Amurnatter kann ihr Maul durch Aushängen des Unterkiefers auf das Achtfache des Normalumfanges weiten! Schlüpflinge z. B. müssen nicht einen Tag alte Mäusebabys angeboten bekommen, sondern bewältigen durchaus die nächste verfügbare Größe. Im Allgemeinen kann gesagt werden, dass die Weibchen prinzipiell öfter und mehr an Futter aufnehmen, denn sie müssen Reserven für die Ausbildung der Eier und die Zeit nach der Ablage anlegen. Ich füttere erwachsene *E. schrenckii* und *E. anomala* vier- bis fünfmal im Monat, zur Fütterung der Jungschlangen komme ich weiter unten. Berücksichtigt werden muss, dass die Tiere während der Häutungsphase und im Winter keine Nahrung zu sich nehmen. Beide Amurnatterarten sind auch für Fresspausen bekannt; zwar sind oft Gründe für das Verweigern der Nahrung zu erkennen, oft aber auch nicht. Meine *E. schrenckii*

Beispiele für die verschiedenen Größen und Arten gefrorener Futternager Foto: B. Treu

Futterbox, hergestellt aus einer handelsüblichen Waschpulver-Nachfülldose Foto: B. Treu

und *E. anomala* haben, was das Fressen angeht, definitiv eine Verbindung zur jeweiligen Wetterlage; starke Tiefdruckgebiete im Sommer beispielsweise sind immer durch Nahrungsverweigerung (kurioserweise nicht bei allen Exemplaren) gekennzeichnet. Ob der Schluss, dass bei längeren, starken Unwettern in Fernost keinerlei Nager zu erbeuten wären respektive die gefallenen Temperaturen die Tiere an ihrer Beweglichkeit hindern würden, zu simpel ist? Jedenfalls müssen diese Phänomene beim Fütterungsintervall bedacht werden.

Notwendige Utensilien für Fütterung und Transport Foto: B. Treu

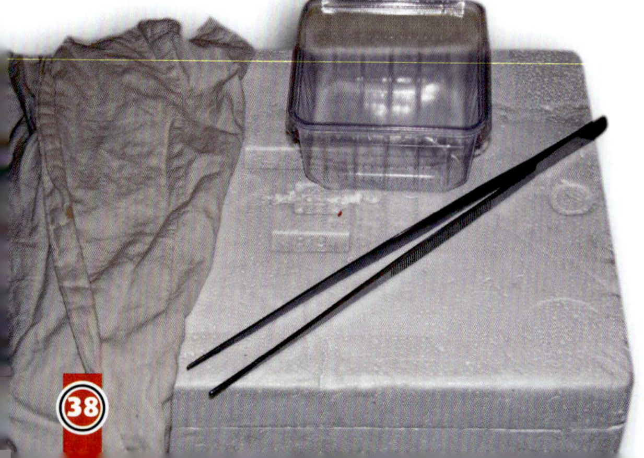

Trächtige Weibchen erhalten mehr Futter, da sie ja in die Entwicklung der Eier „investieren" müssen. Pro Mahlzeit bekommen meine adulten Tiere beiderlei Geschlechts 2–4 halbwüchsige Ratten. Ich habe bis jetzt noch keine Amurnatter kennen gelernt, nicht einmal unter den Naturentnahmen, die sich Totfutter verweigert hätte. Von einer langstieligen Pinzette füttere ich derart, dass die Schlange gleich den Kopf der Ratte zu fassen bekommt. Wichtig ist, gemeinsam gehaltene Schlangen beim Füttern unbedingt zu trennen, da sie dabei in eine Art Fressrausch verfallen. Hierzu eignen sich alle möglichen Behältnisse, von der Styroporbox bis zur Oscar-Tonne. Gelegentlich füttere ich auch einzelne Tiere außerhalb ihrer jeweiligen Sichtweite auf dem Fußboden. Im Sommer, bei großer Hitze und meist unter dem Eindruck von Lufthochdruckgebieten, kann es geschehen, dass die Tiere vor dem erneuten Zusammensetzen nach dem Fressen besprüht oder sogar abgewaschen werden müssen, um den ihnen noch anhaftenden Futtergeruch zu entfernen und zu verhindern, dass sie sich ineinander verbeißen, erregt durch die Situation und provoziert durch die Bewegung der anderen Schlange. Solche Situationen sind übrigens nach meinen Beobachtungen die einzigen Ausnahmen, bei denen man auch mal einen Biss abbekommen kann. Typisch sind die Vorliebe oder die Abneigung einzelner Exemplare gegenüber bestimmten Futtertierarten. Männchen bevorzugen oft Mäuse und dann kleinere gegenüber größeren Exemplaren; ich hielt jahrelang ein Tier, das mehr oder weniger auf Wüstenrennmäusen „bestand", und die ausschließlich Küken fressenden Weibchen habe ich schon weiter oben erwähnt. Allerdings geht diese Spezialisierung selten so weit wie bei anderen Schlangenarten, bei denen es passieren kann, dass einzelne Exemplare eher sterben als an andere Futtersorten zu gehen. Ich denke, dass bei den Amurnattern ein Instinkt vorliegt, der sozusagen den Geruch bestimmter Futternager wie Mäusebabys im Gegensatz zu halbwüchsigen Ratten mit Harmlosigkeit und wehrloser Beute assoziiert. Wünschenswert ist eine gewisse Palette an akzeptierten Futtertieren, um eventuelle Engpässe in der Versorgung abfedern zu können. Außerdem geht es unnötig ins Geld, wenn eine 160 cm lange *E. schrenckii* auf Mäusebabys oder schwarze Zwerghamstern besteht ...

Von lebenden Futtertieren einmal verletzte Amurnattern wieder ans Fressen zu gewöhnen, bedarf manchmal etwas Geduld und kann Monate beanspruchen. Bringt man sie jedoch mit einem toten Futternager möglichst über Nacht in einer engen, dunklen Kiste unter, nehmen sie dann doch irgendwann wieder Nahrung auf.

Nicht nur in den Ernährungsansprüchen identisch, sondern auch ansonsten gleich zu halten: die Steppennatter (*Elaphe dione*)
Foto: B. Treu

Gesundheit

DIESES Kapitel wollte ich nicht mit „Krankheiten“ betiteln, aber nicht deshalb, um eventuelle Einsteiger in Sicherheit zu wiegen, sondern in der Gewissheit, dass *E. schrenckii* und *E. anomala* äußerst robust sind, was ihre Konstitution angeht, und im Vergleich zu anderen Nattern relativ selten erkranken. Dies bezieht sich bei der Chinesischen Amurnatter allerdings ausschließlich auf Terrariennachzuchten. Bei der Amurnatter habe ich in der langen Zeit der Pflege auch bei Naturentnahmen außer mit Hautparasiten nie Probleme gehabt.

Es gibt mittlerweile kompetente Reptilienfachärzte in allen Gegenden Deutschlands. Daher ist es mindestens fahrlässig, selbst an einem eventuell kranken Tier (vielleicht legt es ja gerade nur eine Fresspause ein) herumzudoktern. Auch in diesem Zusammenhang warne ich vor dem Internet, denn was dort an „guten Ratschlägen“ kursiert, ist oft mehr als nur abenteuerlich. Ein seriöser Tierarzt stellt auch keine Ferndiagnosen per E-Mail – oftmals spricht aus den Zeilen verunsicherter Schlangenhalter auch die Angst, vielleicht mehr Geld beim Arzt zu lassen, als die Schlange gekostet hat. Mit dieser Einstellung hat man in der Terraristik jedoch nichts verloren!

> **DER PRAXISTIPP**
> Den Kontakt zu in Reptilienfragen befähigten Veterinären kann man beispielsweise über die DGHT (siehe „Weitere Informationen“) oder regionale Vereine sowie über Züchter und Händler herstellen.

Ektoparasiten können ein Problem darstellen, speziell Milben kommen bei Amurnattern oft vor. Dies ist aber kein Grund, in Hysterie zu verfallen – vielleicht sind schon mehr Terrarientiere an Falschdosierungen von Medikamenten gestorben als an den eigentlichen Parasiten. Auch bei der Bekämpfung dieser Plagegeister sollte man sich am besten durch den erfahrenen Tierarzt beraten lassen – es gibt Mittel zum Einhängen ins Becken oder Sprühemulsionen für die Anwendung am Tier oder in dessen Umgebung.

Beim Stichwort Milben möchte ich noch kurz mit einem Vorurteil aufräumen, mit dem ich immer wieder konfrontiert worden bin: Ich halte es für absolut unwahrscheinlich, dass in der Dekoration, dem Bodengrund oder gar den schockgefrorenen Futtertieren Milben beheimatet sind, die sich auf das neu erworbene Tier stürzen und in unserem Falle auch noch mit fernöstlichen Schlangen „kompatibel“ sind. Viel eher saßen einige wenige dieser Spinnentiere bereits auf der Schlange und haben sich dann im neuen Terrarium prima vermehrt.

Also im Zweifelsfall auf professionelle Hilfe vertrauen und die Anweisungen genau umsetzen.

Ich werde hier auch keine Ratschläge zum Thema Zwangsernährung erteilen, da mir viel zu schnell zu diesem letzten und nicht ungefährlichen Mittel gegriffen wird – die Schlange wird fressen, wann sie will!

Bei inneren Erkrankungen oder Endoparasiten kann sowieso nur der Tierarzt helfen.

Zecken können als Außenparasiten bei Wildfängen auftreten. Foto: K. Kunz

Die Eintrübung der Augen vor der Häutung ist ganz normal und stellt keine gesundheitliche Beeinträchtigung dar. Foto: B. Treu

Vergesellschaftung

SCHLANGEN sollten grundsätzlich nicht mit anderen Tieren vergesellschaftet werden! Ob die Terrarientiere voreinander Angst haben, sich unbemerkt stressen oder wie im Falle der Kombination Schildkröten/Schlangen Parasiten austauschen können, irgendwo ist immer ein Haken. Ich habe als Kind junge Boas mit Scheltopusiks (*Pseudopus apodus*) zusammen gehalten, einer Art „Riesenblindschleiche“ vom Balkan – dies geschah in erster Linie aus Platz- und Wissensmangel. Alleine die Bedürfnisse der Tiere, definiert durch die ursprüngliche Herkunft tropisches Mittelamerika bzw. Südosteuropa, im Temperaturbereich zu befriedigen, war unmöglich, und ich schäme mich solcher Jugendsünden. Raue Grasnattern (*Opheodrys aestivus*) zusammen mit Pfeilgiftfröschen (Dendrobatidae) oder Strumpfbandnattern (*Thamnopis*) zusammen mit Wasserschildkröten – alles Haltungen, die ich persönlich kenne und aus eingangs genannten Gründen ablehne. Ich weiß durchaus, dass die Vergesellschaftungsfrage emotional kontrovers diskutiert wird, aber ich bin selbst gegen die Vergesellschaftung verschiedener Schlangenarten. Ich kenne natürlich Terrarianer, die Schlangen mit ähnlichen Bedürfnissen im selben Terrarium pflegen, in unserem Bereich wären dies z. B. nordamerikanische Kletternattern der Gattung *Pantherophis* wie die Kornnatter (*P. guttatus*) oder eine der Erdnattern (*P. obsoletus*). Aber nur, weil dies über Jahre hinweg problemlos gut geht, muss das noch lange nicht heißen, dass den Tieren nicht zumindest Stress zugemutet wird bzw. sogar letztlich eine artübergreifende Bastardisierung erreicht wird, die doch höchstens den Wissenschaftler interessieren sollte.

Da auch fortgesetzte Paarungsversuche seitens des Männchens für das Weibchen Stress bedeuten, weil es sich ihm im Terrarium nicht wirklich entziehen kann, wäre die logische Schlussfolgerung, generell eine Einzelhaltung zu empfehlen, auch wenn dies viel Platz erfordert. Ich habe seit einiger Zeit erstmalig die Möglichkeit, meine Amurnattern einzeln zu halten, und wenn auch nach einigen Wochen noch kein deutlicher Unterschied zur vorher praktizierten Gruppenhaltung festgestellt werden kann, gestaltet sich allein schon die Fütterung deutlich unkomplizierter. Vielleicht könnte man etwas vereinfacht festhalten, dass beide Amurnattern Arten sind, die die Gruppenhaltung wenig stört, habe ich sie doch in allen möglichen Kombinationen bis hin zu drei Männchen und vier Weibchen in einem riesigen, ehemaligen Boa-Terrarium, artrein gehalten. Dennoch meine ich, eine Einzelhaltung oder wenigstens die nach Geschlechtern getrennte Haltung sollte möglichst bei allen Schlangenarten praktiziert werden, denn auch in der Natur sind die Tiere die meiste Zeit des Jahres über Einzelgänger. Jedenfalls sind einzelne Schlangen im Terrarium nicht „einsam“!

Das nordamerikanische Gegenstück zur Amurnatter: die Kornnatter (*Pantherophis guttatus*)
Foto: B. Treu

Fortpflanzung

VORAUSsetzung zur erfolgreichen Vermehrung von Amurnattern ist natürlich das Vorhandensein beider Geschlechter. Um diese voneinander zu unterscheiden, sollte man sich des Fachwissens eines erfahrenen Terrarianers bedienen. Ich finde nicht, dass Einsteiger zur Geschlechtsbestimmung mit einer Metallsonde in der Kloake einer Schlange hantieren sollten. Mehr noch, ich kenne Kletternatternhalter, die nach Jahrzehnten immer noch das Sondieren mit eigener Hand ablehnen, weil sie die nicht unbegründete Angst haben, beim Tier Verletzungen zu verursachen. Persönlich lehne ich die ebenfalls weit verbreitete Methode des „Poppens" ab. Hierbei werden die Hemipenes (Geschlechtsorgane) der männlichen Jungschlangen herausmassiert – kommt nichts zum Vorschein, wird auf ein Weibchen geschlossen. Manchmal kann das Tier sein Begattungsorgan allerdings nicht mehr einziehen oder verletzt bzw. infiziert sich daran.

Bei ausgewachsenen Exemplaren kann man durch Vergleiche, wenn man bereits ein sicher geschlechtsbestimmtes Tier hat, das Geschlecht verifizieren, Grundlage dabei ist aber eine ähnliche Größe der Tiere. Dann sind der längere Schwanz der Männchen und die Verdickung des Schwanzansatzes durch die Hemipenistaschen recht klar zu erkennen.

Während bei meinen Tieren noch vor wenigen Jahren eine absolvierte Winterruhe zwischen 10 und 12 °C über die Dauer von mindestens zwei Monaten die Basis für eine erfolgreiche Paarung darstellte (sonst waren gelegte Eier auch nach mehrfacher Paarung einfach nicht befruchtet), gelingt es mir heute auch, bei abgesenkter Temperatur im Zimmer überwinterte Tiere zu vermehren. Früher habe ich *E. schrenckii* und *E. anomala* in separaten Räumen oder auch in einem speziellen Kühlschrank bis zu vier Monate lang eingewintert. Im Lauf der letzten Jahre verzichtete ich bei meinen Tieren dann auf die recht aufwändige Hibernation (Winterruhe), stellte die Fütterung ein, da ab Oktober (Männchen) bzw. November

Ein Zuchtpaar Amurnattern mit Eiablagebox im Terrarium des Verfassers Foto: B. Treu

(Weibchen) ohnehin keine Nahrung mehr angenommen wird, und schaltete die Beleuchtung ab. Die Temperatur im Zimmer schwankte dann zwischen 17 und 22 °C, unterschiedlich nach Tageszeit und Außenklima. Ab Anfang März kehre ich dann wieder zu den Ausgangsbedingungen zurück und kann nach einigen Tagen die ersten Paarungen beobachten. Wichtig ist, dass den Weibchen vor der Eiablage reichlich Futter angeboten wird. Hält man die Tiere nach Geschlechtern getrennt, sollte nach der Winterruhe mindestens zwei- bis dreimal gefüttert werden, bevor man die Paare zusammenführt. Oft nehmen die Männchen allerdings vor der Paarung keine Nahrung zu sich. Ich nehme an, dass dies in der Natur ähnlich ist; vielleicht lenkt auch der Geruch paarungswilliger Weibchen einfach vom Fressen ab. Das permanente Zusammenhalten beider Geschlechter hat bei Amurnattern keinen Einfluss auf das

Weibliche *E. schrenckii* nach der Eiablage im vorbereiteten Gefäß, hier ein Eimer mit Deckel und feuchtem Rasenmulch Foto: B. Treu

Fortpflanzungsverhalten. Dies ist bei weitem nicht bei allen Nattern so. Bei meinen Zweiflecknattern (*Elaphe bimaculata*) beispielsweise lässt das Weibchen im Frühjahr keine Paarung zu, wenn das Männchen vorher nicht 4–5 Monate separiert worden ist.

Eine Amurnatternpaarung erscheint als eine „leidenschaftliche“ Angelegenheit. Das Weibchen wird stürmisch verfolgt und bedrängt, bezüngelt und umschlängelt, bis es eine Vereinigung gestattet; diese dauert in der Regel 1–2 Stunden. Interessanterweise setzen nur einige Männchen einen Paarungsbiss – am Hals oder in der Leibesmitte, wo sie das Weibchen gerade erwischen. Diese Männchen tun das allerdings immer bei der Paarung. Nach erfolgreicher Befruchtung entwickeln die betroffenen Weibchen einen noch stärkeren Appetit und nehmen tatsächlich über einen gewissen Zeitraum täglich Nahrung zu sich – wenn man sie lässt! Dies habe ich einmal versuchsweise probiert und empfehle es nicht zur Nachahmung, um gesundheitlichen Schäden vorzubeugen. Dagegen ist gegen eine Nahrungsaufnahme zweimal pro Woche nichts einzuwenden. Bis knapp eine Woche vor der Eiablage fressen die Weibchen. Obwohl oftmals nicht genau zuzuordnen ist, welcher Kopulationsversuch nun zum Erfolg führte, kann man sich als Orientierungshilfe 20–35 Tage vom Tage der Befruchtung bis zum Gelege merken. Die Weibchen werden dann unruhig und suchen einen geeigneten Platz für die Eiablage. Wenn ein merklich feuchter gehaltenes Versteck angeboten wird, erfolgt die Ablage der meist 4–13 Eier in der Regel auch dort. Jedes Gefäß, in das die Schlange bequem hineinpasst, ist als Ablagebox geeignet. In den letzten Jahren benutze ich 5-Liter-Lebensmitteleimer, in deren Deckel ich ein ca. 6 cm großes Loch schneide. Von Vorteil kann sein, das Gefäß jedes Jahr an der gleichen Stelle zu platzieren. Als Substrat verwende ich ein Gemisch aus Terrarienmoos und Rindenmulch im Verhältnis 1 : 1. Störende Männchen, die sich unbedingt dazwischen drängen wollen,

WUSSTEN SIE SCHON?

Interessanterweise bleiben die Mütter nach der Eiablage fast immer noch einige Tage an besagter Stelle liegen, sie wirken matt und apathisch und schlängeln sich auch wieder zurück, wenn sie aus dem Behältnis entfernt werden.

sollten isoliert werden, um dem Weibchen Ruhe zu gönnen. Sind die Eier abgelegt, werden sie entfernt, um gesondert ausgebrütet zu werden. Auch in dieser Situation zeigt *E. schrenckii* kaum jemals aggressives Verhalten, *E. anomala* beißt aber manchmal herzhaft zu; dies ist jedoch das normale Verhalten und kann kaum als Brutverteidigung gewertet werden.

Nach der nächsten Häutung fressen die Weibchen wieder und sollten hierbei auch bevorzugt behandelt werden, um die verlorene Masse wieder auszugleichen. Übrigens sollte man hier eher von Vermehrung als von Zucht sprechen, da eine Zucht streng genommen eine Selektion (Auswahl) von Zuchtmaterial (den Eltern) bedeutet und auf das Erreichen eines bestimmten Zuchtzieles orientiert ist, z. B. besonderer Farbformen.

Inkubation der Eier

Es gibt verschiedene Möglichkeiten, die Eier zu zeitigen. Dies fängt bei den Behältern an und geht über die Bedingungen (Temperatur und Luftfeuchte) bis hin zur Art des Brutsubstrates. Ich verwende in den letzten Jahren ausschließlich Vermiculit, eigentlich ein Dämmstoff aus der Bauindustrie. Für unsere Zwecke optimal angefeuchtet ist Vermiculit dann, wenn beim Schräghalten des Gefäßes kein Wasser mehr herausläuft. Die Eier werden bis knapp zur Hälfte in das Substrat gebettet. Wichtig ist, dass sie nicht mehr beweglich sind und dass die zu erwartende Zunahme an Länge und Breite berücksichtigt wird. Eier von *E. schrenckii* und *E. anomala* können in der Länge fast das Format von Hühnereiern annehmen, durch die Aufnahme von Wasser aus der Umgebung verdoppeln die Eier ihr ursprüngliches Volumen nahezu. Dann ist es ungünstig, wenn sie an die Wände des Brutgefäßes stoßen, denn dies kann Missbildungen der Jungen fördern. Gut geeignet

Im Fachhandel erhältlicher Inkubator für Reptilieneier Foto: B. Treu

zur Inkubation sind z. B. handelsübliche Grillenboxen . Der Deckel wird bei diesen Dosen fest aufgesetzt, die Belüftung erfolgt über die Luftlöcher; 2–3 Mal in der Woche öffnet man die Dose vorsichtig und klopft das Kondenswasser vom Deckel ab. Wasser soll nicht direkt auf die Eier tropfen, wobei die Eier dieser beiden Nattern da auch weit weniger empfindlich sind als die vieler anderer Reptilien. Ein gelegentlicher Tropfen auf der Eischale schadet also nicht. Es sollten nicht mehr als vier Eier pro Box untergebracht werden. Übrigens sind die Eier nach ihrer Ablage in einem Haufen verklebt. Um die Übertragung von beispielsweise Schimmelpilzen von einem auf das nächste Ei zu vermeiden, löse ich die Eier vorsichtig voneinander und lege die Eier so in das Vermiculit, dass sie sich gegenseitig nicht berühren. Das Trennen der Eier kann allerdings nur in den ersten 24 Stunden nach der Ablage erfolgen, danach reißt die Eihaut bei gewaltsamen Manipulationen ein. Einige Male wurden Gelege zu spät entdeckt, sodass ich sie „im Block" bebrüten musste. Unbefruchtete oder schimmlige Eier kann man daran hindern, ihre Nachbarn zu infizieren, indem man sie mit feiner Holzkohle (Aquariumfiltermaterial) bestäubt.

Einfacher, aus einem Aquarium selbst gebauter Inkubator
Foto: K. Kunz

Im Moment des Fotografierens steht dieses Gelege zu warm und zu feucht. Foto: B. Treu

Nachdem ich mir in meinen jungen Jahren einen Inkubator aus einem Aquarium gebaut und später lange Zeit einen im Fachhandel erhältlichen Reptilien-Inkubator benutzt habe, mache ich es mir in den letzten Jahren recht einfach und stelle die (geschlossenen!) Gefäße einfach auf einen Lichtkasten eines anderen Terrariums. Natürlich habe ich dessen Temperaturen zu verschiedenen Tageszeiten ausgemessen und weiß etwa, wo es relativ günstig ist. Haben wir wieder so einen extrem heißen Sommer, reicht gegebenenfalls sogar die obere Ablage eines Regals aus. Vereinfacht kann ich aus meinen Erfahrungen sagen, dass die Temperatur im Brutgefäß lieber etwas geringer (also besser 27 als 30 °C) und die Nachtabsenkung etwas höher (um 7–10, bis deutlich unter 20 °C) sein sollte, um gesunde, starke Jungschlangen zu erhalten. Natürlich dauert die Entwicklung länger, je geringer die Durchschnittstemperaturwerte bei der Inkubation sind, aber die „späteren" Jungen sind dann meist größer und agiler. Bei 28–29 °C im Brutapparat ohne Nachtabsenkung geschlüpfte *E. anomala* waren bis 3 cm kürzer als ihre unter den beschriebenen Bedingungen erbrüteten Geschwister! Die Luftfeuchtigkeit sollte zwischen 90 und

Ein Gelege der Amurnatter im Größenvergleich kurz vor dem Schlupf Foto: B. Treu

100 % liegen, auf die Eier tropfendes Kondenswasser schadet meiner Auffassung nach normalen Eiern von Amurnattern überhaupt nicht. Das eben erwähnte Gelege von *E. anomala* war in meiner Haltung der Rekord, was die kürzeste Zeitigungsdauer betrifft: 31 Tage vom Zeitpunkt der Ablage gerechnet war die kürzeste, 74 Tage die längste Zeitspanne, die beide Amurnatternarten bei mir bis zum Schlupf benötigten. Meist liegen die Schlupfdaten bei 58–61 Tagen. Wenn der erste Kopf einer jungen Schlange aus dem Ei schaut, sollte man sich bemühen, Stress durch optische Irritationen, wie viel Bewegung oder Hantieren am Behälter, zu vermeiden. Während ich dies hier niederschrieb, erfolgte ein Schlupf von *E. schrenckii*; da die Raumtemperatur tagelang über 30 °C lag und die Nachtabsenkung auch nicht der Rede wert war, kamen die Jungtiere schon nach 43 Tagen zur Welt. Hier erfolgte der Schlupf aller Jungschlangen innerhalb eines guten Tages, also von ca. 26 Stunden. In der Regel entnehme ich die Babys erst, wenn die letzte Schlange geschlüpft ist, um den Stress für die Tiere auf einmaliges Anfassen zu minimieren. Ist ein Nachzügler darunter, dessen Kopf schon aus dem Ei schaut, der sich aber bei der geringfügigsten Störung wieder ins sichere Ei zurückzieht, warte ich ab, bis sich die Schlange komplett außerhalb des Eis befindet, und entnehme zuvor lediglich die vollständig geschlüpften Geschwister. Bei Nachzüglern ist es oft so, dass der Dottersack, der die Jungschlangen mit Nahrung versorgt, noch nicht vollständig resorbiert (aufgenommen) wurde und ein zu frühes Herausnehmen der Schlange Verletzung von Nabelschnur oder Dottersack bzw. eine Infektion zur Folge haben kann.

Schlupf von jungen Amurnattern nach 55 Tagen Foto: B. Treu

Aufzucht der Jungschlangen

MITTLERweile wurde ein Behälter vorbereitet, der ein Versteck, ein Wassergefäß und einen Bodengrund z. B. aus Küchenpapier aufweisen muss. Die Jungtiere werden etwas feuchter als die Erwachsenen gehalten, etwa durch häufigeres Sprühen oder indem man feuchtes Moos in die Aufzuchtbehälter gibt. Idealerweise werden die jungen *E. anomala* und *E. schrenckii* einzeln aufgezogen. Dazu finden beispielsweise Waschmittelboxen aus Kunststoff Verwendung, die an den Seiten kleinste Be- und Entlüftungslöcher bekommen haben. Auch sog. Faunaboxen mit Maßen von ca. 35 x 20 x 15 cm eignen sich. Die benötigte Temperatur, die zwischen 26 und 28 °C betragen sollte, wird in meinem Fall durch einen Terrarienlichtkasten erreicht, der sich unmittelbar hinter den Aufzuchtbecken befindet, nachts sinkt sie bis auf 18 °C ab. Außer Tageslicht und der Beleuchtung durch andere Becken in der Umgebung haben die Jungschlangen keine eigene Lichtquelle. Junge *E. schrenckii* und *E. anomala* sind deutlich anders gefärbt als die Adulti (Erwachsenen). Die Körperringe sind breiter und heller, die dunklen Partien ebenfalls, braungrau bei der Amur- und hellgrau bis helloliv bei der Chinesischen Amurnatter. Auf Laub oder trockenem Moos sind die Tiere sehr gut getarnt, was vielleicht erklärt, dass ich auch bei optimalen Bedingungen niemals frisch geschlüpfte *E. schrenckii* im Biotop fand. Zumindest *E. schrenckii* ist eine sehr neugierige und nicht ängstliche Schlange, sodass man die Jungen ab dem Tag nach dem Schlupf tagsüber fast immer außerhalb ihres Versteckes beobachten kann. Also lässt sich das Terrarium für die Tiere, im Gegensatz zu fast allen anderen Schlangenbabys,

WUSSTEN SIE SCHON?

Amurnattern sind die einzigen Schlangen, die ich bisher vermehrt habe, die hunderprozentig vor der ersten Häutung ans Futter gehen. Normalerweise leben Schlüpflinge bis zur ersten Häutung noch einige Tage bzw. Wochen von den Resten ihres Dottersackes.

auch günstig mit einem kleinen Strahler beheizen, da sie sich aktiv sonnen. Die meisten anderen Nattern, mit denen ich Erfahrungen gesammelt habe, verstecken sich tagsüber konsequent und kommen frühestens nach Einbruch der Dunkelheit ins Freie. Die Ernährung der Tiere gestaltet sich als eine durchweg entspannte Angelegenheit, hier entsprechen beide Arten vollkommen dem Klischee der in der Literatur so oft erwähnten (und sich in der Realität oft ganz anders darstellenden) „problem- und komplikationslosen Aufzucht". Einschränkend muss ich allerdings sagen, dass *E. anomala* deutlich sensibler auf Berührungen reagiert, wenn die Tiere beispielsweise für die Nahrungsaufnahme separiert werden; in den ersten Lebenswochen setze ich die Babys mit einer aufgetauten Maus in eine Grillenbox und kann im Regelfall die erste Schlange mit der Jungmaus intus bereits zurücksetzen, wenn ich die letzte gerade „verpackt" habe. Oberstes Gebot bei allen Fütterungsbehältern ist natürlich absolute Ausbruchssicherheit. Die Tiere können zwar auch gemeinsam in ihrem Aufzuchtbehälter gefüttert werden, doch hier besteht die Gefahr, dass sie sich bei mangelnder Aufsicht gegenseitig fressen und auch nicht alle Tiere etwas abbekommen. Da die soziale Komponente bei Jungschlangen gelinde gesagt etwas unterentwickelt ist, läuft es ab wie mit den Kirschen aus Nachbars Garten: Man kann bei zehn Schlangen zehn aufgetaute Mäusebabys anbieten und darauf wetten, dass sich mindestens drei Exemplare in dasselbe Futtertier verbeißen … Daher ist eine Einzelfütterung unbedingt anzuraten. Ich biete den Jungtieren in den ersten Monaten ein- bis zweimal in der Woche Futter an und muss dann nicht in Aktionismus verfallen, wenn eine junge Amurnatter einmal für einige Wochen aussetzt. Der Kotabsatz der Kleinen erfolgt genauso regelmäßig wie bei den Alttieren. Zweimal wöchentlich wird daher der den Boden bedeckende Zellstoff erneuert – am praktischsten während der separaten Fütterung, wenn das Becken leer ist. Werden die Tiere einzeln gepflegt, ist es auch kein Problem, mit ihnen zu hantieren (neudeutsch: Handling), sie sind interessiert und beißen nicht, sodass Bodengrund- und

Wasserwechsel in Ruhe erfolgen können. Neues Trinkwasser wird bevorzugt und sollte nach den Mahlzeiten zur Verfügung stehen, da die Schlangen dann stets ausgiebig trinken.

Vorbesitzer, die einem Anfänger passend zur jungen Amurnatter die Vorrichtung zur Zwangsernährung, eine sog. Pinky Pump, aufzwingen wollen, handeln verantwortungs-

Vom Umgang mit Amurnattern

ALLE nun folgenden Erfahrungen und Überlegungen beziehen sich ausschließlich auf die Amurnatter *E. schrenckii* und gelten nicht für ihre südliche „Cousine". Als Terrarianer lernt man das genaue Beobachten und erfreut sich in der Regel ohne allzu viel „Körperkontakt" an seinen Tieren. Also verwundert es nicht weiter, wenn viele Menschen, die von ihrem Haustier „etwas haben wollen", unsere Leidenschaft nicht verstehen können, da Nattern normalerweise nicht schnurrend um unsere Beine streichen oder bellend auf die Couch springen. Dennoch gibt es auch in der Terraristik Tiere, die unter bestimmten Bedingungen handzahm sind und angefasst werden können. *Elaphe schrenckii* akzeptiert schon als Jungschlange den Kontakt zur menschlichen Hand, z. B. wenn man sie zur Nahrungsaufnahme separiert. Andere Arten reagieren mit Fluchtversuchen, Hektik und Bissen, die Amurnatter bleibt (fast immer) ruhig und entspannt. Ich gehe nicht so weit wie mir bekannte Halter, die der Meinung sind, dass ihre Schlange auf sie höre (ihnen gehorche!?) und sich freue, wenn Herrchen den Behälter öffnet – das wäre mir zu vermenschlicht. Ich will auch keineswegs dem immer mehr zu beobachtenden Sensationsbedürfnis, das durch Fernsehserien sowie mehr oder weniger dubiose Schausteller befriedigt wird, das Wort reden. Aber wir Reptilienhalter haben durchaus eine Verantwortung in der heutigen Zeit, nämlich dem „Normalmenschen" sowohl das Existenzrecht aller Tiere als auch speziell die Faszination der Schlangen und ihre Rolle in der Ökologie zu vermit-

los und sollten gemieden werden.
Nachdem unsere Zöglinge nun fünf- bis sechsmal Nahrung zu sich genommen haben, können wir sie nach der ersten komplikationslosen Häutung bedenkenlos in verantwortungsbewusste Hände abgeben. Die Umfärbung der Jungen wird nach 4–7 Monaten abgeschlossen sein.

teln. Resultierend aus unserer Kultur- und Religionsgeschichte kommen gerade Schlangen in der allgemeinen Wahrnehmung immer noch sehr schlecht weg; es ist ein Wust an Halbwahrheiten, Vorurteilen und diffusen Ängsten in den Köpfen der Menschen vorhanden, der durch viele auf wissenschaftlich getrimmte Fernsehsendungen, die doch nur auf „ Mord und Totschlag“ aus sind, immer wieder verfestigt wird. Viele der sog. „Experten“, die da zu Wort kommen, hätten eher eine Therapie verdient als Sendezeit. Und

Diese Terrariennachzucht ist ein Mischling zwischen *Elaphe schrenckii* und der Äskulapnatter (*Zamenis longissimus*) Foto: B. Treu

Elaphe schrenckii Foto: A. Gumprecht

so kann es an uns Schlangenhaltern liegen, bei aufgeschlossenen Mitmenschen das Bild vom glitschig-bissigen Monster etwas zurechtzurücken. Ich bin seit Jahren an verschiedenen Schulen in allen Altersklassen unterwegs, um beispielsweise in Sachkunde oder später auch in Biologie etwas über Schlangen und ihre Lebensweise zu berichten und – teilweise groteske – Fragen zu beantworten. Anstatt irgendwelche Projektorfolien oder Fotokopien didaktisch zu verwenden (die sehen die Kinder den ganzen Rest ihrer Schulzeit), habe ich dann immer

Dank

DIESES Buch ist Ralf Graubaum gewidmet, ohne dessen frühe „Beeinflussung" in meinen Kindertagen ich wohl nicht die Terrarianerlaufbahn eingeschlagen hätte. Weiterhin möchte ich mich bei Peter Harbig, Berlin, für manches schöne Terrarium, und bei Wolfgang Grossmann, auch eine oder zwei Schlangen dabei, womit ich die Amurnatter oder auch die Steppennatter meine. Ich bin felsenfest davon überzeugt, dass mit dem nahen Kontakt zum lebenden Tier, ob mit oder ohne Berührung, mehr für das Bewusstsein der Natur und die Bedürfnisse der Reptilien getan werden kann als durch dröge verwissenschaftlichte Vorträge. Ich weiß nicht, ob die Amurnatter das Anfassen „mag“, ob ihr Verhalten „freundlich“ oder „zutraulich“ ist, auf jeden Fall sehe ich es nicht als Makel eines seriösen Terrarianers an, durch Anschauung Wissen zu vermitteln. Wenn ich interessierten Besuch habe, das Terrarium von *E. schrenckii* öffne und die Tiere lebhaft züngelnd den nächstbesten Arm emporklimmen, würde ich schließen, dass sich die Tiere nicht in eine Situation begeben, die ihnen unangenehm ist. Aufgrund ihres Naturells eignet sich die Amurnatter daher gut für derlei Präsentationen – ich habe noch nie erlebt, dass sie in solchen Momenten gedroht, gezischt oder gar gebissen hätte. Selbstredend ist für einen temperierten Transport und eine ebensolche Unterbringung zu sorgen, desgleichen ist auf Stressminimierung zu achten. Und natürlich werde ich kein Tier aus seiner gewohnten Umgebung reißen, das voll gefressen, in der Häutung oder hochträchtig ist.

Für einen Einsteiger in die Schlangenhaltung, der eine Art pflegen will, deren Vertreter sich nicht jedes Mal beim Wasserwechseln in seine Hand verbeißen oder sich selbst bei panischen Fluchtanfällen verletzen, sind Amurnattern ideale Tiere, da es völlig in Ordnung ist, sie ab und an zu berühren oder in die Hand zu nehmen.

Berlin, für viele wertvolle Informationen bedanken. Weiterhin bin ich Frank Apel, Berlin, für mannigfache Hilfe, auch bei der schlimmsten Drecksarbeit, zur Danksagung verpflichtet. Ihm und Fridtjof Busse, ebenfalls Berlin, verdanke ich Hilfe bei der Entstehung eines Großteils der verwendeten Bilder.

Weitere Informationen

ZUR Vertiefung der in diesem Buch gegebenen Informationen und zum tieferen Einblick in terraristische und herpetologische Themenbereiche empfehlen sich die Mitgliedschaft in einem Verein gleich gesinnter Terrarianer sowie ein intensives Literaturstudium. Die folgenden Auflistungen sollen dabei behilflich sein, einen Einstieg in die Thematik zu finden, können aber natürlich nur einen kleinen Ausschnitt aufzeigen.

Zeitschriften

- REPTILIA, TERRARIA
Terraristik-Fachmagazine
erscheinen je sechs Mal jährlich,
mit Internetportal für
Kleinanzeigen
Natur und Tier - Verlag GmbH
An der Kleimannbrücke 39/41
48157 Münster
Tel.: 0251-133390
E-Mail: verlag@ms-verlag.de
www.reptilia.de

- DRACO
Terraristik-Themenheft
erscheint vier Mal jährlich
Natur und Tier - Verlag, s. o.
www.reptilia.de

- Sauria
Terraristik und Herpetologie
erscheint vier Mal jährlich
Terrariengemeinschaft Berlin
e.V.
Bruno Treu, Christstr. 10
14059 Berlin
E-Mail: abo@sauria.de
www.sauria.de

- DATZ
Die Aquarien- und Terrarien-Zeitschrift
erscheint monatlich
Verlag Eugen Ulmer
Wollgrasweg 41
70599 Stuttgart
www.datz.de

Untersuchungsstellen

Kotproben, Sektionen und andere Untersuchungen können von spezialisierten Tierärzten oder von veterinärmedizinischen Untersuchungsstellen, die es in vielen Städten gibt, vorgenommen werden. Eine Liste mit Tierärzten, die sich mit Reptilien und Amphibien beschäftigen, kann über die DGHT bezogen oder auf www.dght.de eingesehen werden.
Die Firma „Herpetal“ bietet auch fertige Kotproben-Sets an, die im Terraristik-Handel erhältlich sind und bei denen die Untersuchung im Kaufpreis enthalten ist.
Überregional bekannt sind z. B. folgende Einrichtungen:

- Vet Med Labor GmbH; Mörikestraße 28/3; 71636 Ludwigsburg Tel.: 01802-838633; E-Mail: info@vetmedlabor.de; www.vetmedlabor.de; (für privat nur über Ihren Tierarzt)

- Exomed; Erich-Kurz-Str. 7; 10319 Berlin; Tel.: 030-5112008; E-Mail: labor@exomed.de; www.exomed.de

- Universität München; Institut für Zoologie, Fischereibiologie und Fischkrankheiten der tierärztlichen Fakultät; Kaulbachstr. 37; 80539 München; Tel.: 089-2180-2687; E-Mail: office@zoofisch.vetmed.uni-muenchen.de; www.vetmed.lmu.de/zoofisch/

- Chemisches und Veterinäruntersuchungsamt Ostwestfalen-Lippe Westerfeldstr. 1; 32758 Detmold; Tel.: 05231-9119; E-Mail: poststelle@svua-detmold.nrw.de; www.cvua-owl.nrw.de

Vereine und Interessengruppen

Die Deutsche Gesellschaft für Herpetologie und Terrarienkunde (DGHT; www.dght.de; DGHT e.V., Postfach 1421, 53351 Rheinbach, Tel.: 02225-703333, E-Mail: gs@dght.de) ist mit über 8.000 Mitgliedern die weltweit größte Gesellschaft ihrer Art und bringt Wissenschaftler und Hobbyherpetologen zusammen. Mitglieder erhalten verschiedene herpetologisch/terraristische DGHT-Zeitschriften und haben Zugriff auf ein Kleinanzeigen-Internet-Portal.
Innerhalb der DGHT existiert die AG Schlangen, die sich auch mit Amurnattern beschäftigt. Sie veranstaltet jährliche Fachtagungen. Kontakt über die DGHT-Geschäftsstelle.

Weiterführende und verwendete Literatur

A) Bücher

FRITZSCHE, J. (1981): Das praktische Terrarienbuch. – Neumann, Leipzig, 215 S.

KÖHLER, G. (1997): Inkubation von Reptilieneiern. – Herpeton, Offenbach, 206 S.

SCHMIDT, D. (1994a): Eigentliche Nattern. – Urania, Leipzig, Jena, Berlin, 110 S.

– (1994b): Schlangen. Vermehrung von Terrarientieren. – Urania, Leipzig, Jena, Berlin, 200 S.

SCHULZ, K.-D. (1996): Eine Monographie der Schlangengattung *Elaphe* FITZINGER. – Bushmaster, Berg, 460 S.

TRUTNAU, L.(2002): Schlangen im Terrarium. Ungiftige Schlangen. – Ulmer, Stuttgart, 624 S.

WILMS, T. (2004): Terrarieneinrichtung. – Natur und Tier - Verlag, Münster, 128 S.

B) Zeitschriftenartikel

GROSSMANN, W. (1996): Ein praktischer Inkubator zur Zeitigung von Reptilieneiern. – Sauria 18(2): 45–46.

SCHULZ, K.-D. (1992): Die hinterasiatischen Kletternattern der Gattung *Elaphe*, Teil 3: *Elaphe schrencki* (STRAUCH, 1873). – Sauria 7(4): 3–6.

TREU, B. (2000): *Elaphe schrencki* (STRAUCH). – Sauria Suppl. 22: 499–502.

WERNING, H. (2003): Neue Namen – alte Nattern: Zur aktuellen Taxonomie der Kletternattern (*Elaphe* sensu lato). – REPTILIA, Münster, 8(5): 6–8.

Ausgewachsenes Amurnatternweibchen
Foto: B. Treu

Terrarieneinrichtung
Grundlagen • Materialien • Methoden
T. Wilms

128 Seiten, 181 Fotos, 1 Tabelle
Format: 16,8 x 21,8 cm
ISBN 978-3-931587-90-1
Preis: 19,80 €

Gekonnt eingerichtete Terrarien sind ein Blickfang in Ihrer Wohnung und geben dem Hobby die richtige Würze. Und nur in artgerecht eingerichteten Terrarien fühlen sich Ihre Pfleglinge wirklich wohl, zeigen das gesamte Verhaltensspektrum und pflanzen sich auch fort. Der erfahrene Praktiker Thomas Wilms, DRACO-Redakteur, Biologe und Zoologischer Leiter des Reptilium in Landau, erläutert in diesem wegweisenden Standardwerk nicht nur biologische Hintergründe, sondern bietet vor allem detaillierte, leicht nachvollziehbare und ausführlich bebilderte Schritt-für-Schritt-Anleitungen für den Eigenbau sämtlicher Einrichtungsgegenstände – von Kunstfelsen über Rückwände bis hin zu Bachlauf und Wasserfall.

Natur und Tier - Verlag GmbH
An der Kleimannbrücke 39/41, 48157 Münster
Telefon: 0251-13339-0, Fax: 13339-33
E-Mail: verlag@ms-verlag.de, Home: www.ms-verlag.de

NTV